Inhalt

Liebe Kollegin, lieber Kollege, liebe Eltern!	2
Das Sonnensystem im Überblick	3
Modell 1: Planetengebrüll	5
Modell 2: Das Klopapiermodell	6
Größenverhältnisse der Planeten	7
Das Ekliptik-Spiel	8
Die Lichtgeschwindigkeit als astronomische Maßeinheit	9
Jupiter – der größte Planet	10
Sonne, Mond und Erde	11
Sonnenfinsternis – die größte Show in zwei Jahrhunderten	12
11. August 1999	13
Beobachtungstechniken	15
Der Verlauf der Sonnenfinsternis	16
Niemand versteht mich (Albert Einstein)	17
Adalbert Stifter beschreibt eine Sonnenfinsternis	19
Fortsetzung Stifter	20
How Christopher Columbus .. (englischer Text zum Thema)	21
Ungelöste Fragen der Astronomie	22
Anhang	23

Klasse   Datum

Sonnensystem & Sonnenfinsternis

Zum Autor: Peter Lutz, Oberstudienrat a. D., war Rechtspfleger, Postfacharbeiter, katholischer Priester, Lehrer und ist nun Kunstmaler und Autor. Im zarten Alter von 9 Jahren geriet ihm an einem stillen Ort ein teilweise verbrauchtes Buch mit dem Titel „Himmel und Weltall" in die Hand (man schrieb das Jahr 1946 und es gab kein Klopapier). Er rettete es und liebt seither die Astronomie. Löwengasse 52, 60385 Frankfurt, E-Mail: peter-lutz@rhein-Main.net.

Dieses Werk ist verfasst nach den Regeln der neuen deutschen Rechtschreibung und Zeichensetzung. Das Werk und seine Teile sind urheberrechtlich geschützt. Jede Verwertung in anderen als den gesetzlich zugelassenen Fällen bedarf deshalb der vorherigen schriftlichen Einwilligung des Verlags.

© AOL Verlag · Waldstraße 18 · 77839 Lichtenau ·
Fon (0 72 27) 95 88-0 · Fax (0 72 27) 95 88 95

AOL im Netz: aol-verlag.de
neue-rechtschreibung.de

Satz: AOL Verlag
Druck: Naber & Rogge, 77836 Rheinmünster
Printed in Germany

Bestell-Nummer: A951 · ISBN: 3-89111-951-8

Jahr:	2004	03	02	01	00	99
Auflage:	6	5	4	3	2	1

Liebe Kollegin, lieber Kollege, liebe Eltern!

Verlagshinweis: *Unser Autor Peter Lutz nimmt die Sonnenfinsternis zum Anlass, unser Sonnensystem auf seine eigenwillige (und bei Schülern sehr beliebte) Art zu präsentieren: spannend und ohne langweilige Arbeitsaufträge. Deswegen lohnt sich der Kauf auch dann, wenn die Sonnenfinsternis von 1999 schon weit hinter uns und die im Jahr 2006 noch weit vor uns liegt. Wer sich noch intensiver mit Sonne, Mond und Sternen befassen will, dem seien die weiteren Werke von Peter Lutz ans Herz gelegt, vor allem Einstein verstehen lernen (Nr. F069). Und jetzt hat er das Wort:*

Zum Zeitpunkt der totalen Sonnenfinsternis sind in allen Bundesländern außer Nordrhein-Westfalen Sommerferien. Eine Behandlung des Themas sollte also rechtzeitig vorher erfolgen. Vielleicht bieten sich gerade die Schultage nach den Zeugniskonferenzen an, wenn sowieso „die Luft raus" ist und unterrichtlich sonst nicht mehr viel passiert.

Es wäre jedoch schade, die Thematik zu sehr an den Rand zu drängen.

Angesichts des viel beklagten Desinteresses der Schülerinnen und Schüler an naturwissenschaftlichen Stoffen bietet sich hier eine ideale Möglichkeit zur Motivation.

Ein sehr guter Einstieg wäre der Besuch in einem Planetarium. Ich war mit allen meinen Schulklassen im Planetarium Mannheim, und die Reaktion bei den Kids war nach den Vorführungen jedes Mal die gleiche: Super, aber viel zu kurz. Im Anschluss war das Interesse immer riesengroß, die Fragen purzelten nur so.

Bei der Darstellung ist vor allem an Schüler der Sekundarstufe 1 gedacht, aber die meisten Blätter eignen sich ebenso gut für die Grundschule, ausgenommen die Texte zur Relativitätstheorie und die darauf folgenden Seiten.

Auch Sie, liebe Eltern, sollten sich das Schauspiel nicht entgehen lassen und bei der Urlaubsplanung nach Möglichkeit darauf Rücksicht nehmen.

In eigener Sache:

Falls Sie in der Totalitätszone wohnen und ein Zimmer frei haben: Der Autor sucht noch eine Übernachtungsmöglichkeit für 2 Personen vom 10. auf den 11. August 1999. Angebote bitte an den Verlag. Ich revanchiere mich durch eine Experten-Erklärung des Geschehens.

Wichtiger Hinweis für alle Religionslehrerinnen und Religionslehrer:

Lasset uns um schönes Wetter am 11. August 1999 beten!

Peter Lutz

Informationen im Internet: http://www ...

seds.org/billa/tnp/overwiew.html
astroinfo.ch/eclipse/astro
athena.ivv.nasa.gov/curric/space/planets
math.montana.edu/~khill/astr_book
seti-inst.edu/sci-det.html

exploratorium.edu/ronh/solar_system/
sachsen-info.de/stab/t7/st
astro.unibas.ch/News/SoFi.html
schwaebische-sternwarte.de/
sofi-99/hinweise/index.htm

Beim Verwenden von Suchmaschinen empfehlen sich die englischen Stichworte solar.eclipse bzw. eclipse.of.sun.

Das Sonnensystem im Überblick (1)

Diese Bildmontage zeigt die Planeten dicht gedrängt in ihren Größenverhältnissen. Ganz links die Sonne ist so riesig, dass sie nur am Bildrand angedeutet werden kann. Neben ihr als Pünktchen der kleine Merkur, dann Venus und Erde (etwa gleich groß), der kleinere Mars und Jupiter, der größte Planet. In ihm hätten alle anderen Planeten Platz. Es folgt Saturn mit seinem schönen Ring, schließlich Uranus, Neptun und der vergleichsweise winzige Pluto.

Das Wort „Planet" heißt „Wanderer". In der Antike wurden die damals bekannten Planeten so bezeichnet, weil sie sich am Himmel bewegen, vor- und rückwärts laufen, verschwinden und wieder auftauchen. Man meinte, sie seien Götter, die ihre eigenen Wege gehen, die Sterne dagegen hielt man für Löcher in einer Kuppel, durch die das Licht des Himmels scheint. Die Erde darunter war eine Scheibe, an deren Rand man herunterfallen konnte.

Vor nicht ganz 500 Jahren begründete Kopernikus ein neues Weltbild: Die Sonne steht in der Mitte des Planetensystems und die Erde kreist als Kugel um sie. Das hörten die meisten Leute gar nicht gerne, weil sie sich in ihrer bequemen Vorstellung gemütlich eingerichtet hatten und es gar nicht mochten, dass jemand dieses Denkgebäude abriss. Das ist heute nicht anders. Als Einstein am Beginn des 20. Jahrhunderts unser Denken über den Haufen warf, erklärte man ihn erst einmal für verrückt. Aber auch er war sauer, als Physiker wie Heisenberg und Planck neue Erkenntnisse auf den Tisch legten, die mit seinen Theorien nicht vereinbar waren. Bis heute läuft dieser Prozess, und niemand weiß, wie er ausgeht und ob wir je wissen werden, wie es wirklich ist. Da halten wir uns lieber an das, was man sicher weiß.

Das Sonnensystem im Überblick (2)

Planeten sind kugelähnliche Himmelskörper, die selbst nicht leuchten. Sie umkreisen den Stern, den wir Sonne nennen. Bis jetzt wurden neun Planeten entdeckt.

Sie kreisen um die Sonne, aber ihre Bahnen sind nicht kreisrund, sondern eiern ein bisschen. Die Astronomen sagen: Ihre Bahnen sind elliptisch. Das ist genauer und klingt gleich wissenschaftlicher.

Bei den Entfernungen, die angegeben sind, handelt es sich um durchschnittliche Größenangaben, damit unsere Modelle nicht so kompliziert werden. Damit die Tabelle nicht so dünn aussieht, sind gleich noch die Durchmesser (als Maß der Größe) der Planeten mit angegeben.

Planet	durchschnittliche Entfernung von der Sonne	Durchmesser
Merkur	5.795.000 km	4.866 km
Venus	108.110.000 km	12.106 km
Erde	149.570.000 km	12.742 km
Mars	227.840.000 km	6.760 km
Jupiter	778.140.000 km	139.516 km
Saturn	1.427.000.000 km	116.438 km
Uranus	2.870.300.000 km	46.940 km
Neptun	4.499.900.000 km	45.432 km
Pluto	5.913.000.000 km	3.400 km

Vielleicht fällt den ganz Schlauen auf, dass die Entfernung zwischen Mars und Jupiter sprunghaft größer geworden ist. Tatsächlich finden sich zwischen den beiden Planeten die Trümmer eines weiteren, der mal da war, aber auf Grund eines Zusammenstoßes mit einem Meteor oder bei einer anderen kosmischen Katastrophe in die Brüche gegangen ist. Vielleicht sind die Asteroiden aber auch nur Reste aus der Entstehungszeit der Planeten. Diesen Bereich, in dem ungezählte Felsbrocken herumschwirren, nennt man den Asteroidongürtol.

So könnte es gewesen sein: Irgendwann vor etwa fünf Milliarden Jahren war da eine gewaltige Scheibe aus Staub. Da kam die Gravitation ins Spiel, das ist die Schwerkraft, die auch kleinste Teilchen schon aufeinander ausüben. So bildeten sich immer größere Klümpchen und Klumpen, deren Anziehungskraft immer stärker wurde und dazu beitrug, dass sie noch größer und schwerer wurden. In der Mitte der Wolke entstand die Sonne.

Weil die Wolke sich drehte, entstanden Wirbel in ihr und genau dort bildeten sich die Planeten. Durch ihre Schwerkraft zogen sie immer mehr Brocken aus der Umgebung an, die mit ungeheurer Wucht auf sie stürzten und sie erhitzten. Deshalb ist es im Inneren der Erde immer noch sehr heiß.

Das Sonnensystem enthält heute noch Meteoriten, aber lange nicht so viele wie damals – zum Glück. Auch Kometen gehören zu unserer kosmischen Heimat.

Modell 1 des Sonnensystems: Das Planetengebrüll

Was ist eigentlich Licht? Es ist ein kleiner Ausschnitt aus dem Gesamtbereich der elektromagnetischen Wellen. Radiowellen, Röntgenstrahlung und Gammastrahlen gehören zum Beispiel zu diesen Wellen, die sich alle mit Lichtgeschwindigkeit fortpflanzen. So braucht ein Funkbefehl, den die Weltraumtechniker zum Marsmobil schicken, ein paar Minuten und ebenso lange für den Weg zurück. Die kürzesten sichtbaren Wellen nimmt unser Auge als violett wahr, die längeren als blau, grün, gelb orange und rot. Etwas längere Wellen nennt man Infrarot, wir spüren sie als Wärme. Kürzere Wellen als violett heißen ultraviolett oder UV-Strahlung. Die spüren wir auch auf der Haut, wenn sie ihnen zu lange ausgesetzt war. Wie heißt das dann?

Wir spielen mit der Lichtgeschwindigkeit. Sie beträgt 300 000 km pro Sekunde.

Dazu brauchen wir Stopp- oder andere genaue Uhren mit Sekundenzeiger und beginnen ganz genau exakt pünktlich morgens um 8 Uhr und null Sekunden mit der Messung. In diesem Augenblick verlässt unser gedachter Lichtstrahl die Sonne (wir gehen der Einfachheit halber von ihrem Zentrum aus) und erreicht den Merkur nach ca. 193 Sekunden (die Genies unter euch können das vielleicht in Minuten und Sekunden umrechnen: Bravo, der Kandidat hat 100 Punkte: 3 Minuten und 13 Sekunden).

Genau um 8 Uhr 3 und 13 Sekunden brüllt die ganze Klasse: Meerkuuuur! So lange nämlich hat das Licht von der Sonne zum Merkur gebraucht: 3 Minuten und 13 Sekunden.

Veeenus!	brüllen wir um	08.06.37 Uhr
Eeeerde!	brüllen wir um	08.08.19 Uhr
Maaaars!	brüllen wir um	08.12.39 Uhr
Juppiiii!	brüllen wir um	08.43.14 Uhr
Saaaturn!	brüllen wir um	09.19.17 Uhr
Uuuranuss!	brüllen wir um	10.39.28 Uhr
Nepptuuun!	brüllen wir um	12.10.00 Uhr
Pluuutooo!	brüllen wir um	13.28.30 Uhr

Fünf Stunden und achtundzwanzigeinhalb Minuten braucht das Licht von der Sonne zum Pluto. Die Entfernung Erde-Mond beträgt ganze 1,5 Sekunden, und in einer Sekunde könnte ein Lichtstrahl achtmal um die Erde sausen. Nebenbei: Zur nächsten Sonne (Alpha Centauri) reist ein Lichtstrahl viereinhalb Jahre, zur benachbarten Galaxie, dem Andromeda-Nebel, ca. eine Million Jahre. Einmal quer durch die Milchstraße, unsere Heimatgalaxie, schafft das Licht locker in 100 000 Jahren.

Das wird ein langer Schultag! Dafür gibt es ausgedehnte Pausen, in denen wir gleichzeitig ein räumliches Modell machen können.

Modell 2 des Sonnensystems: Das Klopapiermodell

Wir brauchen dazu zwei Rollen (natürlich umweltfreundliches) Toilettenpapier. Bei dieser Gelegenheit können wir gleich mal nachzählen, ob eine Rolle mit angeblich 200 Blatt nicht heimlich nur 198 oder so hat. In diesem Fall sofort bei der Verbraucherzentrale beschweren! Außerdem müssen vorher genügend Steinchen gesammelt werden, weil das Papier sonst auch bei leichtestem Wind fortgeweht wird und die ganze Arbeit dann vergeblich ist. Das Papier legen wir in einer geraden Linie auf dem Schulhof aus und beschweren es also. Wo die Rolle beginnt, ist die Sonne. Die Abstände der Planeten markieren wir als Striche mit einem dicken Stift:

für den **Merkur** nach	3,6 Blatt
für die **Venus** nach	6,7 Blatt
für die **Erde** nach	9,3 Blatt
für den **Mars** nach	14,1 Blatt
für den **Jupiter** nach	48,4 Blatt
für den **Saturn** nach	88,7 Blatt
für den **Uranus** nach	178,6 Blatt
für den **Neptun** nach	280,0 Blatt
für den **Pluto** nach	366,4 Blatt

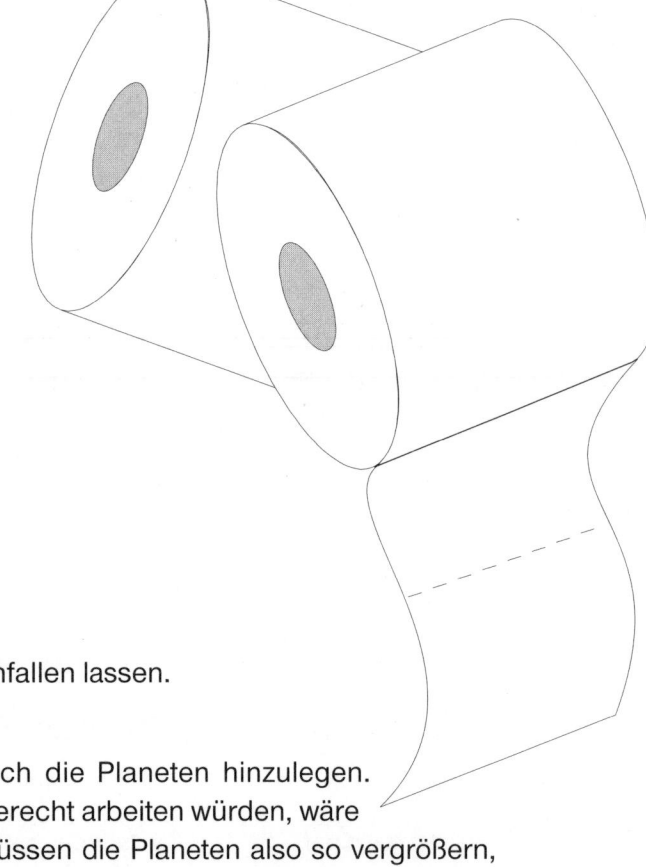

Hurra! Und bitte nicht verzählen!

Natürlich könnt ihr euch noch andere Modelle einfallen lassen.

Ganz professionell wird es, wenn wir auch noch die Planeten hinzulegen. Da gibt es nur ein Problem. Wenn wir maßstabsgerecht arbeiten würden, wäre z. B. Merkur nur ein Mini-mini-Pünktchen. Wir müssen die Planeten also so vergrößern, dass wir schnippeln können. Dazu machen wir uns einen Ausschneidebogen.

Größenverhältnisse der Planeten im Modell

Jetzt wird es schwiiierig. Wir können nämlich unmöglich alle Planeten gleichzeitig auf einem Blatt so darstellen, dass wir die Übersicht behalten. Würde man z.B. den Pluto mit einem Durchmesser von nur 1 cm zeichnen, müssten wir für den Jupiter einen Kreis machen, der 67 cm groß ist.

Da streikt jedes DIN-Format.

Wir benötigen:
Scheren
Zirkel
Kleber
Lineale und ein Metermaß
eine Schnur von ca. 2 Meter Länge
eine Reißzwecke
oder einen kleinen Nagel

Wir beginnen mit dem **Merkur.** Er hat in unserem Maßstab einen Radius von 0,5 cm. Das ist mit dem Zirkel nicht einfach zu zeichnen, weil der Kreis, der dabei herauskommen soll, nur einen Durchmesser von 1 cm hat – das ist kleiner als ein Pfennigstück. Vielleicht hat jemand einen Kugelschreiber, der genau 1 cm dick ist, oder sonst einen Gegenstand, der passt. Falls nicht, zeichnet den Kreis aus der Hand, so gut es geht.

Einfacher ist es mit den Modellen von **Erde** und **Venus.** Sie haben jeweils einen Radius von 1,5 cm.

Der **Mars** ist wieder kleiner: Sein Radius ist 0,75 cm.

Jetzt wird es einfacher:

Jupiter 16,75 cm Radius

Saturn 14,25 cm Radius

Uranus 6 cm Radius

Neptun 5,75 cm Radius

Am schwierigsten ist es bei **Pluto,** weil er so mini ist. Sein Radius beträgt in unserem Modell nur 0,25 cm, der Kreis ist also nur einen halben Zentimeter dick. Da fällt euch sicher etwas ein.

Als Krönung wird noch die **Sonne** produziert.
Sie hat einen Radius von 83,6 cm.
Dazu müssen viele Blätter zusammengeleimt werden.
Die Schnur wird doppelt genommen und so zusammengeknotet, dass sie genau dem Kreisbogen von 83,6 cm entspricht.
Ein Nagel in die Mitte und mit dem Stift einmal herumfahren – das müsste klappen.

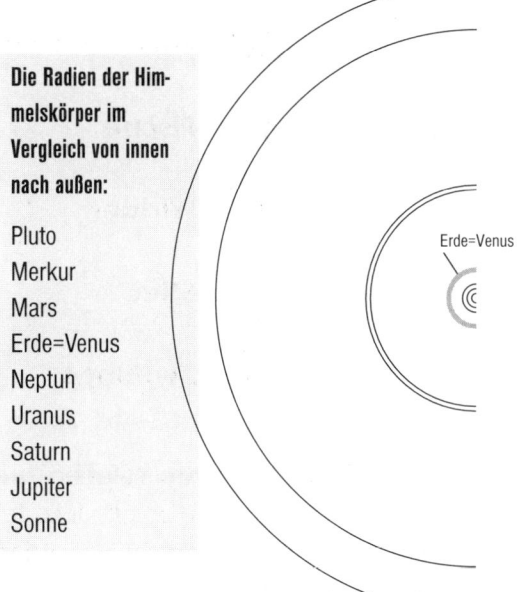

Die Radien der Himmelskörper im Vergleich von innen nach außen:

Pluto
Merkur
Mars
Erde=Venus
Neptun
Uranus
Saturn
Jupiter
Sonne

Beim Auslegen werdet ihr merken, dass Klopapiermodell und Ausschneidemodell verschiedene Maßstäbe haben – die Sonne reicht über die Bahn der Erde hinaus. Aber anders geht es nicht, sonst bräuchten wir viele Kilometer Klopapier.

Wenn Ihr Lust habt, könnt ihr die ganze Sache verschönern, indem ihr die Planeten bemalt. Sicher gibt es irgendwo Fotos, die euch helfen. Wer ganz von der Planetengeilheit gepackt ist, macht sicher gerne Modelle in 3D aus Pappmaschee und hängt sie an die Decke.

Das Ekliptik-Spiel

Da unser Sonnensystem nicht aus einer Gas-Kugel, sondern aus einer flachen Gas-Scheibe entstanden ist, bewegen sich heute noch alle Planeten und Monde (nur Pluto macht eine Ausnahme) in einer Ebene um die Sonne. Diese Bahn-Ebene heißt Ekliptik. Man kann also sagen, die Erde kreist in der Ekliptik um die Sonne – oder, wie es von der Erde aus gesehen wird: Die Sonne bewegt sich im Lauf eines Jahres einmal in der Ekliptik um uns herum. Das klingt mächtig kompliziert, wird aber gleich klarer.

Denkt man sich die Ekliptik weit hinaus in den Weltraum verlängert, befinden sich auf gleicher Ebene die zwölf Sternbilder, die man aus dem Horrorskop kennt: Waage, Schütze, Löwe usw. Und da es sinnigerweise zwölfe sind, entsprechen sie weitgehend den Monaten unseres Jahres.

Das spielen wir jetzt einfach.

Wir bilden einen Kreis von zwölf Schülern. Damit die Reihenfolge stimmt, stellen wir uns natürlich richtig auf:

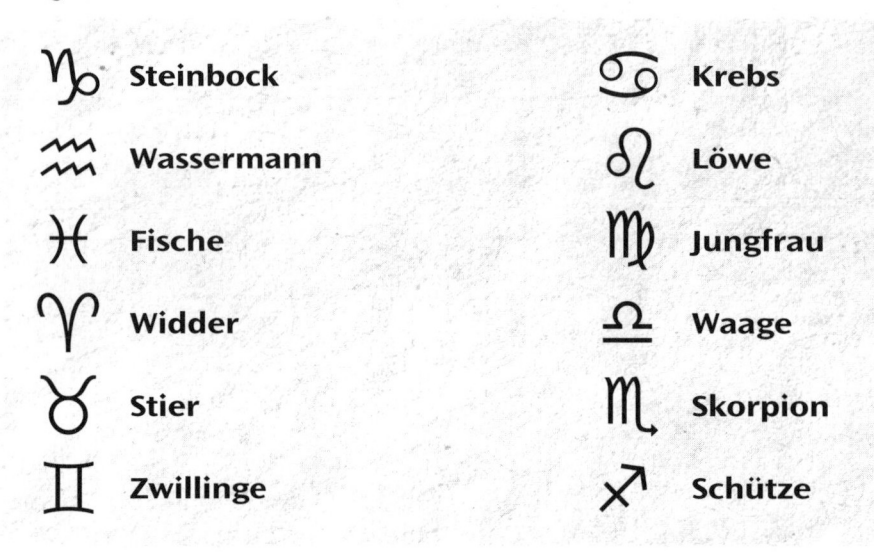

♑	Steinbock	♋	Krebs
♒	Wassermann	♌	Löwe
♓	Fische	♍	Jungfrau
♈	Widder	♎	Waage
♉	Stier	♏	Skorpion
♊	Zwillinge	♐	Schütze

Wenn alle richtig im Kreis stehen, brauchen wir noch ein sonniges Gemüt, das sich in die Mitte stellt und Sonne spielt. Jetzt fehlt nur noch die Erde. Während alle anderen stehen bleiben, bewegt sich unser Hauptdarsteller langsam innerhalb des Kreises um die Sonne. Steht genau hinter der Sonne z.B. das Sternbild Löwe, ist es Juli/August, wenn laut Astrologen (nicht zu verwechseln mit uns Astronomen!) besonders dominierende Persönlichkeiten geboren werden. Einen Schritt weiter verdeckt die Sonne das Zeichen Jungfrau (falls es der Krebs sein sollte, bewegt sich die Erde verkehrt herum), dann ist es August/September. Und so weiter.

Ein Berliner Schüler soll bei dieser Gelegenheit gerufen haben: **„Ekliptik, dir lieb ick!"**

Damit es uns auch so geht, bleiben wir noch ein bisschen dabei. Natürlich dürft ihr euch alle dazu wieder hinsetzen.

Alle Planeten außer Pluto, dieser Schelm, bewegen sich ebenfalls in der Ekliptik, d.h. ihre Bahnebenen verlaufen ebenfalls vor dem Hintergrund der zwölf Sternbilder, so dass man sagen kann: Jupiter ist im Sternbild Löwe, Mars im Sternbild Wassermann oder so. Im Übrigen haben sie alle die gleiche Richtung wie die Erde, nur brauchen einige länger, andere kürzer dazu. Merkur macht einen Umlauf um die Sonne in nur drei Monaten, Pluto in 248 Erdenjahren. Hat ja auch den längsten Weg.

Die Lichtgeschwindigkeit als astronomische Maßeinheit

Von der Sonne zum Pluto braucht das Licht knapp fünfeinhalb Stunden. Wollten wir mit unserem Klopapier allerdings ein Modell bauen, das über unser Planetensystem hinausreicht und bis zum nächsten Stern (also der nächsten Sonne) reicht, wären wir hoffnungslos dran. Unser „Nachbarstern" namens Alpha Centauri ist nur von der Südhalbkugel der Erde aus zu sehen. Das Licht von ihm braucht viereinhalb Jahre, um bis zu uns zu gelangen. Würde er heute explodieren – und das kommt bei Sternen schon mal vor – könnten wir das Ereignis erst Jahre später sehen.

Wollten wir eine Klopapier-Rolle auslegen, die in unserem Maßstab von der Sonne bis Alpha Centauri reicht, müsste sie mehr als 2,6 Millionen Blatt haben und wäre ca. 370 Kilometer lang.

Aber das ist noch gar nichts. Unser Heimatsystem, an deren Rand sich Sonne und Planeten befinden, ist die Milchstraße, die wir in klaren Nächten als helles Band sehen können. Sie ist unsere Galaxie und ungefähr 100 000 Lichtjahre breit.

Sie enthält schätzungsweise 100 Milliarden Sonnen.

Viele von diesen Sonnen haben wahrscheinlich Planeten, und die Annahme, dass es auf einigen von ihnen Leben, vielleicht sogar außerirdische Intelligenzen gibt, ist durchaus realistisch. Allerdings können es, nehmen wir die Erdbewohner als Maßstab, natürlich auch außerirdische Un-Intelligenzen sein.

Zwischen unserer Galaxie und den nächsten ist viel leerer Raum. Eine Galaxie, die man mit bloßem Auge gerade noch sehen kann, ist der so genannte Andromeda-Nebel. Das Licht von dort bis zu uns benötigt eine Million Jahre. Die entferntesten Galaxien sind mehrere Milliarden Lichtjahre von uns entfernt. Wenn man sie im Fernrohr sieht, blickt man gleichzeitig Milliarden von Jahren in die Zeit zurück.

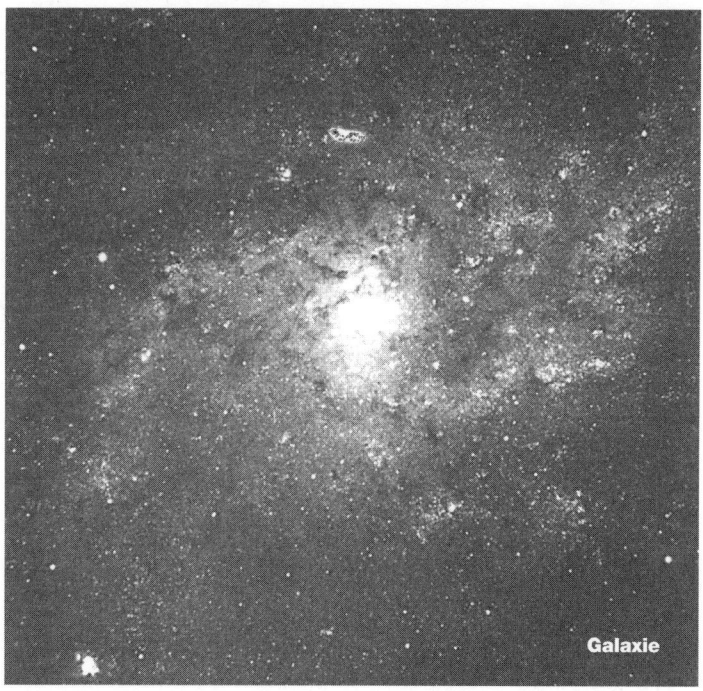

Galaxie

Die Lichtgeschwindigkeit wird deshalb als astronomische Maßeinheit genommen, weil es nichts gibt, das schneller sein kann als das Licht und andere elektromagnetische Wellen, z.B. Radiowellen.

Wir stellen uns vor, dass wir einen Fußball auf dem Zeigefinger balancieren und ihn in Drehung versetzen. Jetzt verwandelt sich der Ball in eine Kugel aus Pudding. Was geschieht, wenn sich die Kugel immer schneller dreht?

Dies ist eines der Gedankenexperimente aus dem bald erscheinenden Heft „Vom Urknall zum Erdball" (Arbeitstitel). Das Experiment soll anschaulich zeigen, warum die Erde und andere Himmelskörper durch ihre Drehung an den Polen abgeflacht und am Äquator dicker sind. Auf ca. 48 Kopiervorlagen wird der gegenwärtige Stand unseres astronomischen Wissens dargestellt: von schwarzen Löchern, explodierenden Sternen, Galaxien und dem Weltbild Einsteins. Es wird durch Lernkärtchen ergänzt. Beispiele sind im Anhang dieses Heftes zu finden.

Jupiter – der größte Planet

Auf dem Foto sieht man einen Ausschnitt des Riesenplaneten Jupiter mit einem seiner Monde, aufgenommen von der Raumsonde Voyager. Man weiß bis heute noch nicht genau, wie viele Monde Jupiter hat. Bisher hat man 16 gezählt.

Es war eine Mega-Erschütterung des menschlichen Weltbildes, als Galilei die vier großen Jupitermonde zum ersten Mal im eigens von ihm konstruierten Fernrohr sah und damit die Theorie von Kopernikus bestätigte, dass die Erde keine Scheibe ist. Plötzlich war der Mensch nicht mehr der Mittelpunkt der Welt, sondern Bewohner eines kleinen Stäubchens irgendwo am Rande einer Galaxie mit über hundert Milliarden Sonnen inmitten Milliarden anderer Galaxien.

Jupiter hat 318-mal mehr Masse als die Erde. Im Fernrohr sieht man, dass seine Oberfläche bunt gestreift ist. Das kommt von gewaltigen Stürmen, die in seiner Gas-Atmosphäre toben. Der ganze Planet besteht wie seine Nachbarn Saturn, Uranus und Neptun aus Gas.

In einem Fernglas kann man die vier größten Monde des Jupiter sehen. Sie heißen Io, Europa, Ganymed und Callisto. Man kann auch gut beobachten, dass sie sich in der gleichen Ebene um ihren Mittelpunkt bewegen, nämlich – da haben wir sie wieder – in der guten alten Ekliptik. Die Raumsonde Voyager 1 funkte Fotos wie dieses und zeigte auch, dass Jupiter feine dunkle Ringe hat. Auf dem NASA-Foto sieht man den Mond Io (rechts) und am linken Rand den kreisrunden Schatten, den er wirft.

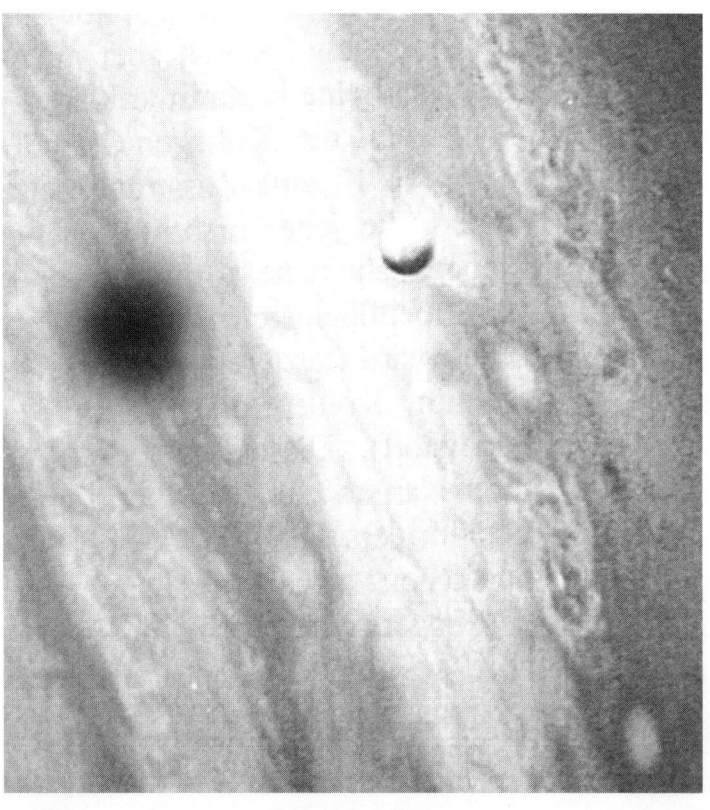

Dort, wo der Schatten ist, herrscht gerade eine totale Sonnenfinsternis.

Genau so sieht es aus dem Weltall aus, wenn eine Finsternis auf der Erde stattfindet. Es ist einfach so, dass ein Mond vorübergehend die Sonne verdeckt. Hätte die Erde zwei oder drei Monde, gäbe es Sonnenfinsternisse viel häufiger. Darum könnten wir auf dem Jupiter viel öfter eine Sonnenfinsternis beobachten, wenn wir könnten. Können wir aber doch nicht, weil die Schwerkraft auf der Oberfläche des Riesenplaneten viel zu stark wäre: mehr als zweieinhalb mal so hoch wie hier.

Wie viele kg würdest du auf dem Jupiter wiegen?

Wie auf dem Jupiter sind Sonnenfinsternisse auch bei uns einfach Schattenspiele, die ein Mond veranstaltet – leider hier nur sehr selten.

Sonne, Mond und Erde

Sonne, Monde und Planeten drehen sich um sich selbst. Die Erde einmal in 24 Stunden (so ein Zufall!), also an einem Tag. Und noch ein Zufall: der Mond in 29 Tagen, also knapp einem Monat.

Aber endlich zum Thema:

Sonnenfinsternis – wie geht das?
Auf dem Jupiter-Foto haben wir ja eigentlich alles gesehen. Leider nicht.

Die Erde dreht sich um sich selbst und um die Sonne.

Der Mond dreht sich um sich selbst, um die Erde und mit der Erde um die Sonne.

Einmal im Monat befindet sich die Erde zwischen Sonne und Mond, dann haben wir Vollmond. Einmal im Monat befindet sich der Mond zwischen Sonne und Erde, dann haben wir Neumond.

Dazwischen nimmt er zu bzw. ab. Das nennen die Leute, die abwechselnd fasten und fressen, Jojo-Effekt. Aber beim Mond ist es ja ganz anders. In Wirklichkeit nimmt er weder zu noch ab, sondern wir sehen die Seite, die von der Sonne beschienen ist, mal ganz, mal gar nicht und alle Stufen dazwischen.

Wäre der Mond brav, hätten wir jeden Monat einmal Mond- und einmal Sonnenfinsternis. Aber er ist es nicht. Er hält sich nämlich nicht an – na was wohl.

Das Wort beginnt mit E und endet mit k. Eintrittskartenabdruck? Falsch. Eberspeck? Falsch. Englischrhetorik? Falsch.

Riiiichtig: Ekliptik, da ist sie wieder, unsere geliebte Ekliptik.

Bewegte sich der Mond in genau der gleichen Bahnebene wie die Erde, fänden die Finsternisse regelmäßig wie ein Uhrwerk statt. Er hält sich aber nicht ganz genau daran, sondern steht bei Neumond mal über oder unter der Sonne und bei Vollmond über oder unter der Erdbahn.

Nur dann, wenn er

die Ekliptik kreuzt und auch noch Voll- oder Neumond ist

gibt es eine Finsternis. Wow!

Mondfinsternisse sind ja noch relativ häufig. Das liegt daran, dass die Erde einfach dicker ist und einen größeren Schatten wirft. Aber so eine Sonnenfinsternis, noch dazu eine totale, ist was ganz Rares.

Noch ein drittes muss dazu kommen: Der Mond eiert nämlich auch. Mal ist er näher an der Erde, mal weiter weg. Ist er erdfern, kann er die Sonne gar nicht ganz verdecken. Dann gibt es höchstens eine ringförmige Sonnenfinsternis, das heißt, der Rand der Sonne leuchtet weiter und das ist gar nichts im Vergleich dazu, was uns am 11. August 1999 erwartet: eine totale Sonnenfinsternis!

Die nächste findet in Deutschland im Jahre 2135 statt, das heißt, erst deine Urururururenkel können sie wieder erleben. Es ist also einmaligaußerordentlichextravagantsuperoberaffenselten, was da passiert.

Das sollte man nicht verpennen!

Natürlich gibt es zwischen 2135 und 1999 noch einige totale Sonnenfinsternisse, aber weit weg von uns. Und wer kann es sich schon leisten, wegen dieses Naturschauspiels nach den Baleiden oder Seymoren zu reisen. Also bleiben wir im Lande und genießen.

Sonnenfinsternis – die größte Show in zwei Jahrhunderten

Eine totale Sonnenfinsternis ist ein Ereignis, wie auch Hollywood es niemals veranstalten könnte. Sie lässt sich weder machen noch verhindern. Niemand, der sie erlebt, kann sich ihrer Faszination entziehen. Wenn irgendwo auf der Erde eine solche Show stattfindet, reisen Tausende mit Schiffen und Flugzeugen hin, um sie nicht zu verpassen.

Und wir bekommen dieses Jahr alles frei Haus in Deutschland geliefert. Wer das verpennt, hat Pech gehabt: Die nächste totale Sonnenfinsternis in Deutschland geschieht erst wieder im Jahre 2135! Zwar findet in unserem Bereich „schon" im Jahr 2093 eine totale Sonnenfinsternis statt, aber sie streift gerade den Bodensee.

Erst bekommt die Sonne eine Delle, die immer größer wird. Die Sonne wird zur Sichel und bevor sie verschwindet, rast von Westen her mit dreifacher Schallgeschwindigkeit eine schwarze Wand heran: der Kernschatten des Mondes. Die Sonne ist weg.

Mitten am Tag wird es stockfinstere Nacht, der Himmel verfärbt sich blauschwarz und die helleren Sterne leuchten auf. Die Sonne ist umgeben von einem sonst nie zu sehenden Strahlenkranz, der Korona. Oft treten bereits kurz vor der totalen Verfinsterung seltsame graue Schattenlinien auf, die über die Erde laufen. Der Horizont verfäbt sich zu einem merkwürdigen Gelb.

Es wird merklich kühler, die Tiere legen sich schlafen, die Vögel hören auf zu singen und Nachttiere kommen aus ihren Verstecken.

Dann sieht man den Sonnenrand gezackt, weil der Mond von Gebirgen zerklüftet ist. Nach wenigen Minuten wiederholt sich das Schauspiel in umgekehrter Reihenfolge, bis die schwarze Wand nach Osten weiterrast und verschwindet.

Manchen Leuten jagt so etwas einen richtigen Schrecken ein. Der Frankenkaiser Ludwig der Fromme soll im Jahre 840 n.Chr. vor lauter Angst bei einer Sonnenfinsternis gestorben sein. Eine andere Geschichte erzählt, dass ein chinesischer Kaiser seinen Hofastronomen den Kopf abschlagen ließ, weil sie eine Finsternis wegen übermäßigen Alkoholkonsums verpassten. In Frankreich glaubten viele Leute im Jahre 1560, dass bei einer Sonnenfinsternis die Welt untergehen werde (sicherlich wird es bei uns auch wieder einige Verrückte geben, die das predigen). Bei den alten Griechen wurde ein Krieg abrupt gestoppt, als sich mitten in einer Schlacht die Sonne verfinsterte. Noch im Jahre 1948 wurden Wahlen in Korea verschoben, weil an dem vorgesehenen Tag eine Sonnenfinsternis erwartet wurde.

Schon vor Urzeiten wurden Finsternisse mehr oder weniger genau vorausberechnet. Die Chinesen konnten es schon vor fast 5000 Jahren, die Griechen, Chaldäer und Babylonier lange vor der Zeitenwende. Wahrscheinlich diente auch der Steinkreis von Stonehenge zu astronomischen Beobachtungen und Vorausberechnungen besonderer Ereignisse am Himmel.

11. August 1999

Wann und wo

Im August wird eine kleine Völkerwanderung in Richtung Süddeutschland einsetzen, vorbereitet durch den Rummel in den Medien. Nur auf einem etwas über 100 km breiten Streifen ist die Sonnenfinsternis total. Vielleicht können die Schüler in Nordrhein-Westfalen ihre Lehrerinnen und Lehrer überzeugen, an diesem Tag einen Ausflug nach Süden zu machen. In allen anderen Bundesländern sind zu dieser Zeit Ferien.

Der Streifen der totalen Finsternis ist auf der Karte verzeichnet, ebenso die Dauer. Sie reicht je nach Standort von ca. 1 Minute bis über 2 Minuten.

Am leichtesten haben es z.B. die Bewohner von Aalen, Augsburg, Baden-Baden, Ulm, Pirmasens, München, Stuttgart und Saarbrücken. Sie brauchen nur ins Freie zu gehen. Auch in Österreich sind die Einheimischen und Urlauber von Salzburg bis Graz gut dran.

Eine Übersicht

Die Finsternis beginnt um 10.30 Uhr im Atlantik vor der Küste Kanadas. Am Beginn ist der Kernschatten des Mondes noch ziemlich schmal: nur 49 km breit. Deshalb dauert die totale Verfinsterung in diesem Streifen auch weniger als eine Minute. Der Mondschatten rast mit ca. 3 300 Stundenkilometer Richtung Europa und trifft um 11.10 die britischen Inseln, saust südlich an London vorbei, erreicht Frankreich und durchquert es, bis er um 11.33 Uhr Süddeutschland erreicht. Er hat dann eine Breite von 109 km.

Außerhalb der Totalitätszone ist die Finsternis in fast ganz Europa zu sehen – halt nicht als totale, sondern als teilweise (Fachausdruck: partielle).

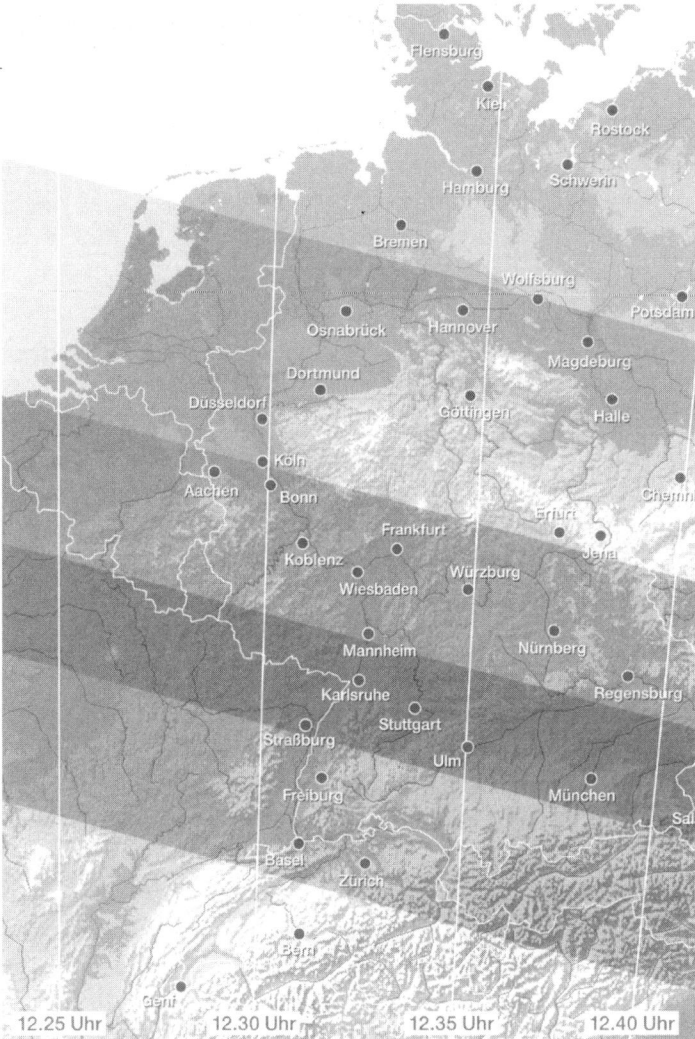

In Nordafrika oder Nordschweden bekommt die Sonne gerade mal eine kleine Delle, die nur dem auffällt, der hinguckt. Je näher sich ein Ort am Zentrum befindet, desto stärker wird die Sonne bedeckt:

In **Hamburg**	zu 85 %
Berlin	zu 88 %
Münster, Leipzig, Dresden	zu 92 %
Köln	zu 96 %
Frankfurt, Nürnberg	zu 98 %
Trier, Regensburg	zu 99 %
Freiburg, Konstanz	zu 99 %

Die Beobachtung einer partiellen Sonnenfinsternis ist sicherlich sehr interessant, kann sich aber mit dem Erlebnis einer totalen Sonnenfinsternis nicht messen.

Warnung • Warnung • Warnung • Warnung • Warnung

Im Jahre 1970 verloren in den USA fast 150 Menschen ihr Augenlicht durch die unsachgemäße Beobachtung einer Sonnenfinsternis.

Niemals mit bloßem Auge in die Sonne schauen!

Die Sonne sendet nicht nur Lichtstrahlen, sondern auch Ultraviolett- und Wärmestrahlung aus. Beim Blick in die Sonne mit bloßem Auge wirkt die Linse wie ein Brennglas. Da das Auge schmerzunempfindlich ist, merkt man zuerst gar nichts – und dann ist es zu spät! Die empfindlichen Nervenzellen sind verbrannt und können nicht wieder repariert werden.

Nie nie niemals mit einem unpräparierten Fernglas oder Fernrohr in die Sonne blicken!

Hierbei ist schon nach einem Sekundenbruchteil das Augenlicht futsch. Es ist, wie wenn man mit bloßem Auge schaut, nur noch viel heller und stärker.

Eine Sonnenbrille bietet keinen Schutz!
Auch drei oder vier Sonnenbrillen würden nicht ausreichen. Der oft gehörte Rat, eine Glasplatte mit Kerzenruß zu schwärzen, ist gefährlich, weil der Ruß zwar die Lichtstrahlen, aber nicht die Hitzestrahlung filtert. Auch vom Blick durch einen geschwärzten fotografischen Film ist abzuraten, weil viele der neueren Filme nicht mehr mit einer Lage aus schützenden Silberkörnern beschichtet sind, sondern mit anderen Materialien, die zu viel Strahlung durchlassen.

Auch Geräte können zerstört werden!
Fernrohre und Ferngläser haben oft eine Sonnenblende am Okular (das ist da, wo man mit dem Auge hineinschaut), die das Licht filtert. Dort wird die Sonnenstrahlung gebündelt und heizt Okular und Blende auf. Das kann schon nach wenigen Minuten dazu führen, dass das Okular platzt oder die Blende kaputt ist. Dann kann man gar nicht mehr schnell genug wegschauen, ohne zu erblinden. Für Fotoapparate und andere Geräte gilt grundsätzlich das gleiche wie für die Augen: Wichtig ist ausreichender Schutz. Auch sie können beschädigt oder zerstört werden oder liefern Bilder, mit denen nichts anzufangen ist.

Diese Warnungen gelten auch dann, wenn die Sonne bereits zu 99% vom Mond bedeckt ist! Ist die Sonne jedoch total verfinstert, soll und kann man mit bloßem Auge schauen, um den ganzen Zauber des Ereignisses zu genießen.

Beobachtung ohne Instrumente

Erfahrene Finsternis-Touristen beobachten das Ereignis ohne Geräte, aber mit einer speziellen Brille mit Papprahmen (z. B. AOL Nr. 852, 4,00 DM). Man schaut dann durch eine spezielle Folie aus Kunststoff, die mit Aluminium bedampft ist. So lange man die Brille trägt, kann man unbesorgt in die Sonne schauen. Und man kann das Ding vor allem auch leicht absetzen, weil es ja auch in der Umgebung viel zu sehen gibt. Während der etwa 1 1/2 Stunden der partiellen Finsternis soll man nie ohne diesen Schutz in die Sonne blicken. Wenn du an eine Schweißerbrille kommst: auch die ist o.k.

Beobachtung mit Fernglas oder Fernrohr

Es gilt: Je komplizierter der Gerätepark, desto mehr lenkt er einen vom eigentlichen Erlebnis ab. Ein Fernrohr muss man auf ein Stativ stellen und ständig nachführen, weil die Bewegung der Sonne am Himmel bei starker Vergrößerung ziemlich rasch ist. Ein normales Fernglas reicht völlig aus.

Noch einmal: Ein einziger ungeschützter Blick auf die Sonne zerstört das Auge!

Obwohl diese Warnung tausendfach geschrieben, gesendet und verkündet werden wird, wird es wahrscheinlich wieder ein paar Unbelehrbare geben, die den Rest ihres Lebens in totaler Finsternis verbringen.

Um Augen, Fernglas oder -rohr zu schützen, sollte man das Objektiv (das ist die Linse, die zur Sonne gerichtet ist) abdecken mit der gleichen Spezialfolie, aus der auch die Brille gemacht ist.

In beiden Fällen gilt: Folie oder Pappe müssen bombensicher mit einem guten Klebeband befestigt sein! Sollte die Folie abrutschen oder die Pappe herunterfallen, ist die Katastrophe perfekt!

Beobachtung ohne Instrumente

Aufnahmen mit Video oder Fotoapparat

sind nur etwas für Spezialisten, weil die Einstellung der Belichtung sehr problematisch ist. Und man braucht Super-Tele-Objektive, damit das Bild der Sonne nicht zu winzig erscheint.

Bau einer Lochkamera

Sehr empfehlenswert für die ungefährliche Beobachtung der Sonne ist eine selbstgebaute Lochkamera (camera obscura).

Anleitung 1:

Man braucht eine Papprolle (Versandrolle), notfalls tut es auch eine Flasche.
Weiter benötigt man dunkle Pappe oder schwarzes Tonpapier, Kleber oder Klebeband, eine Schere und einen Bogen Transparentpapier (Butterbrotpapier).
Das Tonpapier wird um die Rolle oder Flasche gewickelt und so verklebt, dass man eine Röhre hat. Diese Röhre wird abgezogen und beiseite gelegt. Auf die gleiche Weise wird eine zweite Röhre gemacht, die aber etwas lockerer gewickelt wird, so dass die beiden Papprohren sich ineinander stecken und verschieben lassen.
Nun wird die äußere Röhre oben mit einem runden Deckel aus Karton verschlossen. In die Mitte des Deckels bohren wir mit einem Nagel ein kleines Loch.
Auch die engere Röhre wird an einem Ende zugeklebt, und zwar mit einer Scheibe aus Transparentpapier. Nun werden die beiden Röhren so ineinander gesteckt, dass die Scheibe mit dem kleinen Loch und die aus Transparentpapier einander gegenüber liegen. Das Ganze wird draußen bei Sonnenlicht getestet. Das kleine Loch wird zur Sonne gerichtet, dann schiebt man die innere Röhre hinaus oder hinein, bis auf dem Transparentpapier ein scharfes Bild von der Sonne entsteht. Ist das Bild zu schwach, kann man das Loch vorsichtig vergrößern. Dabei muss man die richtige Mitte finden: Je heller das Bild, desto unschärfer wird es.

Anleitung 2

Dazu benötigt man einen Pappkarton und ein Stück weißes Papier. Die Größe des Kartons ist ziemlich egal.
Man nimmt also z.B. einen Schuhkarton und stellt ihn längs. Unten auf die Innenseite wird ein Stück weißes Papier geklebt, so dass es möglichst flach liegt. In einem zweiten Schritt befestigt man Klebeband ringsherum, so dass die Schachtel dicht bleibt und es drinnen schön dunkel ist. In die Oberseite bohrt man mit einem kleinen Nagel oder Handbohrer ein Loch von 1-2 Millimeter Durchmesser.
Zum Schluss schneidet man mit einem scharfen Messer (Tapeziermesser) unten einen senkrechten Streifen so in den Karton, dass man auf das Papier schauen kann.
Fertig ist die Lochkamera.

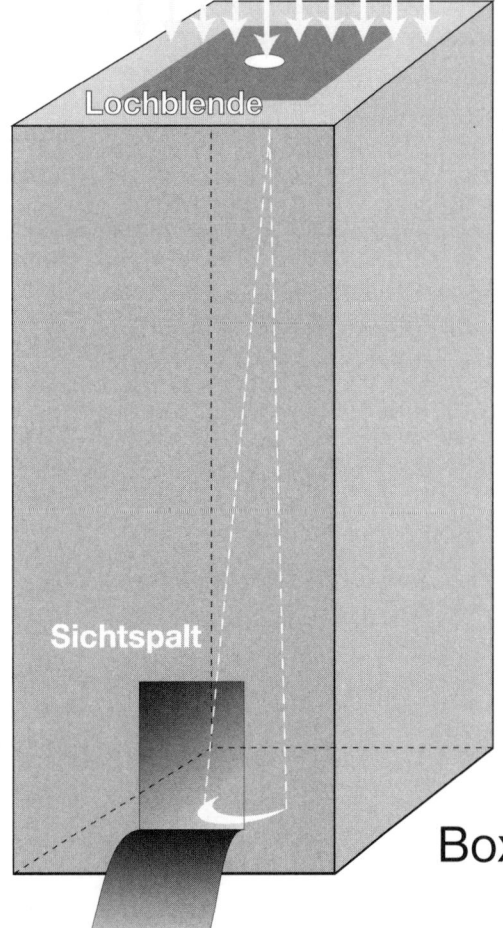

Bau einer Lochkamera

Der Verlauf

Nehmen wir an, wir befinden uns in der Nähe von Stuttgart. Wir haben uns einen schönen Platz im Freien gesucht, von dem aus man einen guten Blick auf die Umgebung hat. Am besten ist es auf der Höhe mit weiter Fernsicht.

Um Punkt 11.16 Uhr berührt der Mondschatten die Sonne (in München passiert das nur 3 Minuten später, die Zeiten gelten also mit kleinen Abweichungen für die ganze Totalitätszone). Es ist nach wie vor taghell, man sieht zu, wie sie Sonne erst eine kleine Delle bekommt, die sich nach und nach vergrößert. Die Geräte werden getestet, die Lochkamera ausgerichtet, man redet miteinander und harrt der Dinge, die weiter kommen. Es dauert und dauert: Aber keine Angst, dann geht alles ganz schnell, eigentlich viel zu schnell.

Um 12.30 wird es spannend. Über die Erde huschen feine, ca. 20 cm breite Licht- und Schattenstreifen, am Himmel ist bereits die Venus zu sehen. Ab 12.32 (die Sonne ist nur noch eine schmale Sichel) schauen wir nach Westen, um nicht zu verpassen, wie die schwarze Schattenwand heransaust. Wow!

Um 12.32 und 55 Sekunden ist die Sonne total verfinstert. Es wird Nacht. Die Luft ist deutlich kühler geworden, Windböen (der Finsterniswind) blasen heftig. Wir setzen die Schutzbrillen ab und können die Korona der Sonne bewundern: hellrote Flammenzungen, die zigtausende von Kilometern aus der Sonnenatmosphäre schießen.

Viele Tiere haben sich schlafen gelegt, Nachtfalter und leider auch Stechmücken werden aktiv, die Blüten schließen ihre Kelche. Wir verpassen auch nicht das Lichterspiel am Horizont. Kurz nach 12.35 Uhr ändert sich

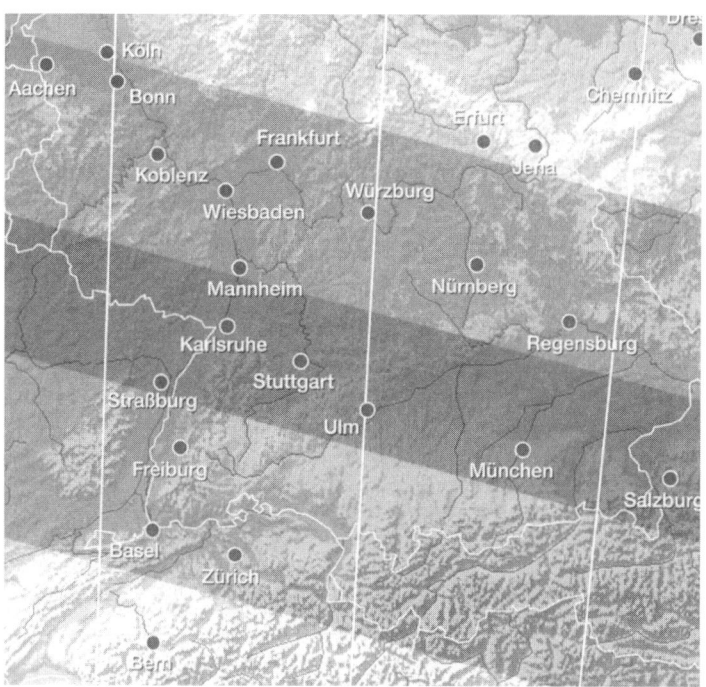

das Bild. Dort, wo der Mondschatten die Sonne verlässt, ist zunächst ein Lichtpünktchen, dann eine ganze Schnur dieser hellen Punkte zu sehen. Das liegt daran, dass es auf dem Mond Gebirge gibt und das Licht zuerst durch die Täler fällt.

Gleichzeitig rast die Schattenwand nach Osten ab.

Jetzt brauchen wir wieder die Schutzbrillen.

Während es heller und heller wird, gibt es sicher viel zu erzählen. Ein fünfjähriger Münchner soll danach erst lange geschwiegen und dann gesagt haben: „Dass i des no hab erlebn derfn!"

Und wenn der Himmel grau in grau ist und es gar regnet?

Dann haben wir Pech gehabt. Es besteht aber immer noch die Möglichkeit, es am 29.3.2006 in der Türkei oder am 12.8.2026 in Spanien wieder zu versuchen.

„Niemand versteht mich!" *(Albert Einstein)*

Es ist doch komisch:
Da stellt jemand eine physikalische Theorie auf, die unser ganzes Weltbild verändert, und niemand weiß davon. Jeder glaubt, das ist zu „hoch" für ihn oder zu geheimnisvoll, schwierig und nur für Genies zu kapieren.

Genau so war es, als Kopernikus vor fünfhundert Jahren behauptete, die Welt sei eine Kugel.
„Da müssten doch die Leute auf der anderen Seite herunterfallen und die Inder ständen ganz schief!", lästerte man und verbrannte Anhänger der verrückten Lehre sicherheitshalber auf dem Scheiterhaufen.
In der Nazizeit war Einsteins Relativitätstheorie gar als „jüdische Physik" verboten und durfte nicht gelehrt werden. Auch heute kommt es in den Schulen nur selten vor, dass darüber geredet wird. Dabei gibt es massenhaft Beweise für die Richtigkeit von Einsteins Behauptungen.
Eine Voraussage, die er traf, konnte man durch Beobachtung von totalen Sonnenfinsternissen überprüfen.
Er schrieb, dass das Licht von Sternen, das nahe an der Sonne vorbeigeht, abgelenkt wird, so dass es aussieht, als wären diese Sterne nicht an ihrem Platz, sondern etwas daneben. Und auch jene, die das nicht glauben wollten, mussten feststellen, dass es genau so ist. Die Sonne, so Einstein, krümmt durch ihre Masse nämlich den sie umgebenden Raum so stark, dass ein ganz gerader Lichtstrahl auf einer scheinbar krummen Bahn zu uns gelangt.

Ich kann hier nicht erklären (das geschieht in dem Heft *Einstein verstehen lernen*, AOL Verlag, Bestellnummer Nr. F069), auf welchen Wegen Onkel Albert zu seinen Ergebnissen gekommen ist. Hier sollen nur die wichtigsten Ergebnisse der Relativitätstheorie (es waren, genau gesagt, zwei Theorien) beschrieben werden.

Einstein geht von zwei Voraussetzungen aus.

Erstens: Alles ist in Bewegung. Wir sausen einmal in vierundzwanzig Stunden um den Erdball, die Erde dreht sich mit 30 km pro Sekunde (das sind weit über hunderttausend Stundenkilometer) um die Sonne und die Sonne dreht sich mitsamt uns in irrem Tempo um die Mitte der Milchstraße, die sich ihrerseits bewegt. Es gibt keinen festen Bezugspunkt, das heißt: Jede Bewegung ist relativ. Ich kann nur von Bewegung reden, wenn ich sage, was sich relativ wozu bewegt.

Zweitens: Die Lichtgeschwindigkeit ist immer gleich. Ob sich eine Lichtquelle rasend schnell auf mich zubewegt oder von mir weg, ist egal: Das Licht kommt immer mit 300 000 km/s bei mir an, nicht schneller und nicht langsamer. Wäre es anders, könnte ein Astronaut, der mit Lichtgeschwindigkeit fliegt, sich selbst nicht mehr im Spiegel sehen, weil ja das Licht, das von ihm wegsaust, sozusagen vom Betrachter eingeholt wird und deshalb den Spiegel nicht erreicht. Einstein will einfach nicht, dass der arme Astronaut sein Spiegelbild verliert.

Einstein (Fortsetzung)

Aus diesen beiden Voraussetzungen strickte er seine Theorien – und siehe, sie haben sich inzwischen als messbar richtig erwiesen.

Die Folgen sind allerdings kaum vorstellbar, und das ist die Schwierigkeit. Unser Gehirn ist fähig, die wissenschaftlichen Schritte nachzuvollziehen, aber unser Vorstellungsvermögen ist total überfordert. Wir können uns ja nicht mal ein Blatt Papier vorstellen, das nur Höhe und Breite hat, aber keine Tiefe, also ein so flaches Ding, dass es gar nicht da ist. Trotzdem wird im Geometrie-Unterricht so getan als ob. Sagt jetzt einer, das Blatt hat noch eine vierte Dimension, also neben Höhe, Breite und Tiefe noch die Zeit und redet dann von möglichen fünften oder weiteren Dimensionen, dann glauben wir leicht, dass da was hakt. Tut es auch: bei unserer Fantasie.

Ein kleines Beispiel soll beschreiben, was Einstein sagt:

Ein Zug fährt auf einem langen Gleis um die ganze Erde, wird immer schneller und schneller und erreicht schließlich Lichtgeschwindigkeit, das heißt er braucht für eine Umrundung des Äquators nur noch eine achtel Sekunde. Die Leute im Zug merken davon ebenso wenig wie wir, wenn wir im ICE bei 250 Sachen unsere Cola trinken.

Für Beobachter von außen ist das ganz anders: Je schneller der Zug wird, desto kürzer wird er, bis er bei Lichtgeschwindigkeit (sie wird mit dem Buchstaben c ausgedrückt) die Länge Null hat, das heißt flacher ist als ein Blättchen Zigarettenpapier. Gleichzeitig steht, wieder von uns aus gesehen, die Zeit in dem Zug völlig still.

Das geht nur in Gedanken, denn um den Zug auf c zubringen, bräuchte man eine unendlich große Energie. Der Zug wäre dann durch nichts mehr zu bremsen und würde durch Mauern und Gebirge fahren, als wären sie gar nicht da. Anders gesagt: Seine Masse wäre unendlich. Einstein sagt ganz einfach, dass Energie gleich Masse ist. Könnte man z.B. die Masse eines Bleistiftes innerhalb einer Minute völlig in Energie verwandeln, würde dies die Produktion sämtlicher irdischer Kraftwerke übersteigen.

Die Sonne liefert Energie, indem sie Masse verwandelt und in jeder Sekunde Millionen von Tonnen leichter wird. Auch die Energie von Atom- und Wasserstoffbomben beruht auf der Umwandlung von Masse.

Wenn man zwei Atomuhren hat, die genau gleich gehen, und schickt die eine auf eine Umlaufbahn um die Erde, kann man feststellen, dass sie langsamer gegangen ist als die andere. In Nepal in 4000 Meter Höhe leben die Menschen im Durchschitt einige Sekunden länger als hier im Tal, weil dort die Zeit wegen der schnelleren Umdrehungsgeschwindigkeit etwas langsamer vergeht. Aber sie merken nichts davon: Auch das gilt nur relativ.

Man könnte theoretisch mit Zwillingen experimentieren: Den einen schickt man mit einem Raumschiff mit Lichtgeschwindigkeit los, der andere bleibt hier. Nach 80 Erdenjahren ist der irdische Zwilling ein alter grauer Oldtimer und der andere noch ein Baby.

Und alle diese Verrücktheiten sind durch Experimente so glänzend bestätigt, dass es keinen vernünftigen Zweifel mehr daran gibt.

Die totale Sonnenfinsterns am 8. Juli 1842

Adalbert Stifter:
Die totale Sonnenfinsternis am 8. Juli 1842
(gekürzt)

Es gibt Dinge, die man fünfzig Jahre weiß, und im einundfünfzigsten erstaunt man über die Schwere und Furchtbarkeit ihres Inhaltes. So ist es mir mit der totalen Sonnenfinsternis ergangen, welche wir in Wien am 8. Juli 1842 in den frühesten Morgenstunden bei dem günstigsten Himmel erlebten.

Nie und nie in meinem ganzen Leben war ich so erschüttert ...

Ich will es in diesen Zeilen versuchen, für die tausend Augen, die zugleich in jenem Momente zum Himmel aufblickten, das Bild und für die tausend Herzen, die zugleich schlugen, die Empfindung nachzumalen und festzuhalten, insofern dies eine schwache menschliche Feder überhaupt zu tun imstande ist.

Ich stieg um 5 Uhr auf die Warte des Hauses Nr. 495 in der Stadt, von wo aus man die Übersicht nicht nur über die ganze Stadt hat, sondern auch über das Land um dieselbe, bis zum fernsten Horizonte, an dem die ungarischen Berge wie zarte Luftbilder dämmern.

Die Instrumente wurden gestellt, die Sonnengläser in Bereitschaft gehalten, aber es war noch nicht an der Zeit. Unten ging das Gerassel der Wägen, das Laufen und Treiben an – oben sammelten sich betrachtende Menschen; unsere Warte füllte sich, aus den Dachfenstern der umstehenden Häuser blickten Köpfe, auf Dachfirsten standen Gestalten, alle nach derselben Stelle des Himmels blickend, selbst auf der äußersten Spitze des Stephansturmes, auf der letzten Platte des Baugerüstes stand eine schwarze Gruppe, wie auf Felsen oft ein Schöpfchen Waldanflug – und wie viele tausend Augen mochten in diesem Augenblicke von den umliegenden Bergen nach der Sonne schauen, nach derselben Sonne, die Jahrtausende den Segen herabschüttet, ohne dass einer dankt – heute ist sie das Ziel von Millionen Augen, aber immer noch, wie man sie mit dämpfenden Gläsern anschaut, schwebt sie als rote oder grüne Kugel rein und schön umzirkelt in dem Raume.

Endlich zur vorausgesagten Minute – gleichsam wie von einem unsichtbaren Engel – empfing sie den sanften Todeskuss, ein feiner Streifen ihres Lichtes wich vor dem Hauche dieses Kusses zurück, der andere Rand wallte in dem Glase des Sternenrohres zart und golden fort – „es kommt", riefen nun auch die, welche bloß mit dämpfenden Gläsern, aber sonst mit freien Augen hinaufschauten – „es kommt", und mit Spannung blickte nun alles auf den Fortgang.

Die erste, seltsame, fremde Empfindung rieselte nun durch die Herzen, es war die, dass draußen in der Entfernung von Tausenden und Millionen Meilen, wohin nie ein Mensch gedrungen, an Körpern, deren Wesen nie ein Mensch erkannte, nun auf einmal etwas zur selben Sekunde geschehe, auf die es schon längst der Mensch auf Erden festgesetzt.

Indes nun alle schauten und man bald dieses, bald jenes Rohr rückte und stellte und sich auf dies und jenes aufmerksam machte, wuchs das unsichtbare Dunkel immer mehr und mehr in das schöne Licht der Sonne ein – alle harrten, die Spannung stieg; aber so gewaltig ist die Fülle dieses Lichtmeeres, das von dem Sonnenkörper niederregnet, dass man auf Erden keinen Mangel fühlte, die Wolken glänzten fort, das Band des Wassers schimmerte, die Vögel flogen und kreuzten lustig über den Dächern, die Stephanstürme warfen ruhig ihre Schatten gegen das funkelnde Dach, über die Brücke wimmelte das Fahren und Reiten wie sonst ... auf unserer Warte war es lieb und hell, und Wangen und Angesichter der Nahestehenden waren klar und freundlich wie immer.

Endlich wurden auch auf Erden die Wirkungen sichtbar und immer mehr, je schmäler die am Himmel glühende Sichel wurde; der Fluss schimmerte nicht mehr, sondern war ein taftgraues Band, matte Schatten lagen umher, die Schwalben wurden unruhig, der schöne sanfte Glanz des Himmel erlosch, als liefe er von einem Hauche matt an, ein kühles Lüftchen hob sich und stieß gegen uns, über die Auen starrte ein unbeschreiblich seltsames, aber bleischweres Licht, über den Wäldern war mit dem Lichterspiele die Beweglichkeit verschwunden, und Ruhe lag auf ihnen, aber nicht die des Schlummers, sondern die der Ohnmacht – und immer fahler goss sich's über die Landschaft, und diese wurde immer starrer – die Schatten unserer Gestalten legten sich leer und inhaltslos gegen das Gemäuer, die Gesichter wurden aschgrau – erschütternd war dieses allmähliche Sterben mitten in der noch vor wenigen Minuten herrschenden Frische des Morgens.

Wir hatten uns das Eindämmern wie etwa ein Abendwerden vorgestellt, nur ohne Abendröte; wie geisterhaft ein Abendwerden ohne Abendröte sei, hatten wir uns nicht vorgestellt, aber auch außerdem war dies Dämmern ein ganz anderes, es war ein lastend unheimliches Entfremden unserer Natur; gegen Südost lag eine fremde, gelbrote Finsternis, und die Berge und selbst das Belvedere wurden von ihr eingetrunken – die Stadt sank zu unsern Füßen immer tiefer, wie ein wesenloses Schattenspiel hinab, das Fahren und Gehen und Reiten über die Brücke geschah, als sähe man es in einem schwarzen Spiegel – die Spannung stieg aufs höchste – einen Blick tat ich noch in das Sternrohr, er war der letzte; so schmal wie mit der Schneide eines Federmessers in das Dunkel geritzt, stand nur mehr die glühende Sichel da, jeden Augenblick zum Erlöschen, und wie ich das freie Auge hob, sah ich auch, dass bereits alle andern die Sonnengläser weggetan und bloßen Auges hinaufschauten – sie hatten auch keines mehr nötig; denn nicht anders als wie der letzte Funke eines erlöschenden Dochtes schmolz eben auch der letzte Sonnenfunken weg, wahrscheinlich durch die Schlucht zwischen zwei Mondbergen zurück – es war ein überaus trauriger Augenblick – deckend stand nun Scheibe auf Scheibe – und dieser Moment war es eigentlich, der wahrhaft herzzermalmend wirkte – das hatte keiner geahnet – ein einstimmiges „Ah" aus aller Munde, und dann Totenstille, es war der Moment, da Gott redete und die Menschen horchten.

Hatte uns früher das allmähliche Erblassen und Einschwinden der Natur gedrückt und verödet, und hatten wir uns das nur fortgehend in eine Art Tod schwindend gedacht: So wurden wir nun plötzlich aufgeschreckt und emporgerissen durch die furchtbare Kraft und Gewalt der Bewegung, die da auf einmal durch den ganzen Himmel ging: Die Horizontwolken, die wir früher gefürchtet, halfen das Phänomen erst recht bauen, sie standen nun wie Riesen auf, von ihrem Scheitel rann ein fürchterliches Rot, und in tiefem, kaltem, schwerem Blau wölbten sie sich unter und drückten den Horizont – Nebelbänke, die schon lange am äußersten Erdsaume gequollen und bloß missfärbig gewesen waren, machten sich nun geltend und schauerten in einem zarten, furchtbaren Glanze, der sie überlief – Farben, die nie ein Auge gesehen, schweiften durch den Himmel.

Der Mond stand mitten in der Sonne, aber nicht mehr als schwarze Scheibe, sondern gleichsam halb transparent wie mit einem leichten Stahlschimmer überlaufen, rings um ihn kein Sonnenrand, sondern ein wundervoller, schöner Kreis von Schimmer, bläulich, rötlich, in Strahlen auseinander brechend, nicht anders, als gösse die oben stehende Sonne ihre Lichtflut auf die Mondeskugel nieder, dass es rings auseinander spritzte – das Holdeste, was ich je an Lichtwirkung sah! Draußen weit über das Marchfeld hin lag schief eine lange, spitze Lichtpyramide grässlich gelb, in Schwefelfarbe flammend und unnatürlich blau gesäumt; es war die jenseits des Schattens beleuchtete Atmosphäre, aber nie schien ein Licht so wenig irdisch und so furchtbar, und von ihm floss das aus, mittels dessen wir sahen. Hatte uns die frühere Eintönigkeit verödet, so waren wir jetzt erdrückt von Kraft und Glanz und Massen – unsere eigenen Gestalten hafteten darinnen wie schwarze, hohle Gespenster, die keine Tiefe haben; das Phantom der Stephanskirche hing in der Luft, die andere Stadt war ein Schatten, alles Rasseln hatte aufgehört, über die Brücke war keine Bewegung mehr; denn jeder Wagen und Reiter stand und jedes Auge schaute zum Himmel.

Nie, nie werde ich jene zwei Minuten vergessen – es war die Ohnmacht eines Riesenkörpers, unserer Erde. Aber wie alles in der Schöpfung sein rechtes Maß hat, auch diese Erscheinung, sie dauerte zum Glücke sehr kurz, gleichsam nur den Mantel hat er von seiner Gestalt gelüftet, dass wir hineingehen, und Augenblicks wieder zugehüllt, dass alles sei wie früher.

Gerade, da die Menschen anfingen, ihren Empfindungen Worte zu geben, also da sie nachzulassen begannen, da man eben ausrief: „Wie herrlich, wie furchtbar" – gerade in diesem Momente hörte es auf: Mit eins war die Jenseitswelt verschwunden und die hiesige wieder da, ein einziger Lichttropfen quoll am oberen Rande wie ein weißschmelzendes Metall hervor, und wir hatten unsere Welt wieder – er drängte sich hervor, dieser Tropfen, wie wenn die Sonne selber darüber froh wäre, dass sie überwunden habe, ein Strahl schoss gleich durch den Raum, ein zweiter machte sich Platz – aber ehe man nur Zeit hatte zu rufen: „Ach!", bei dem ersten Blitz des ersten Atomes, war die Larvenwelt verschwunden und die unsere wieder da: Und das bleifarbene Lichtgrauen, das uns vor dem Erlöschen so ängstlich schien, war uns nun Erquickung, Labsal, Freund und Bekannter, die Dinge warfen wieder Schatten, das Wasser glänzte, die Bäume waren wieder grün, wir sahen uns in die Augen – siegreich kam Strahl an Strahl, und wie schmal, wie winzig schmal auch nur noch erst der leuchtende Zirkel war, es schien, als sei uns ein Ozean von Licht geschenkt worden – man kann es nicht sagen, und der es nicht erlebt, glaubt es kaum, welche freudige, welche siegende Erleichterung in die Herzen kam: Wir schüttelten uns die Hände, wir sagten, dass wir uns zeitlebens daran erinnern wollen, dass wir das miteinander gesehen haben ... selbst die Tiere empfanden es; die Pferde wieherten, die Sperlinge auf den Dächern begannen ein Freudengeschrei, so grell und närrisch, wie sie es gewöhnlich tun, wenn sie sehr aufgeregt sind, und die Schwalben schossen blitzend und kreuzend hinauf, hinab, in der Luft umher.

Christopher Columbus

How Christopher Columbus and his crew were saved by an eclipse

After Christopher Columbus in 1492 had discovered America, he made several new travels to the new world. 1503, it was his forth voyage, he found himself and his crew stranded on the coast of Jamaica after his ship was damaged.

At first the natives kindly gave them food but after months they refused.

Columbus had information about an upcoming eclipse of the moon from his navigation tables and he thought of a plan.

A meeting with native leaders was set for the night of February 29, 1504.

At that time, Columbus told the natives that the gods were displeased with them and because of that they would remove the moon.

Timing it perfectly, the moon began to disappear into the Earth's shadow. The natives were so frightened they bleaded with Columbus to bring back the moon.

He said he would think it over and when he returned a few minutes later, he told them they were pardoned and like magic the moon slowy reappeared.

The natives gave them food again, so that they could repair their ship.

They returned to Europe safely – rescued by an eclipse of moon.

Ungelöste Fragen der Astronomie

Es gibt sicherlich auch in künftigen Jahrhunderten noch genug große Fragen, die auf eine Antwort durch Forscher warten. Manche meinen sogar, hinter jeder Antwort, die wir finden, tauchen zehn neue ungelöste Fragen auf. Es ist also noch genug zu tun.

- Wie ist das Sonnensystem eigentlich entstanden? Wir nehmen an, aus einer Gas- und Staubwolke um die Sonne, aber niemand kann Genaues sagen.

- Gibt es auch andere Sonnensysteme mit Planeten (wahrscheinlich ja, aber die Sterne sind halt so weit weg, dass auch stärkste Fernrohre keine Einzelheiten erkennen lassen)?

- Gibt es außerhalb der Erde Leben im Sonnensystem? Vielleicht auf dem Mars, wenn auch in Form primitiver Organismen? Könnten irgendwann Menschen andere Planeten so umformen, dass man auf ihnen leben kann?

- Existieren im Weltall außer uns noch andere unintelligente Wesen? Wie können wir mit ihnen in Kontakt treten? Sollten wir überhaupt?

- Was geht in einem „Schwarzen Loch" vor, also in einem Gestirn, das so massereich ist, dass nicht einmal mehr das Licht von ihm entweichen kann?

- Wie ist die Materie in solchen massereichen Gestirnen beschaffen (ein Teelöffel davon wöge hier auf der Erde mehr als eine Milliarde Tonnen)?

- Ist das Universum wirklich vor Milliarden von Jahren bei einem „Urknall" entstanden und dehnt es sich darum immer noch aus?

- Wird es in vielen Milliarden Jahren wieder zu einem einzigen Punkt zusammenstürzen? Wie hat man sich das vorzustellen, wenn sämtliche Sonnen, Planeten, Monde, Nebel, Galaxien usw. in einem einzigen Punkt, also praktisch einem Nichts, zusammengepresst sind?

- Was ist eigentlich die Schwerkraft (Gravitation), die unser Sonnensystem und die Galaxien zusammenhält?

- Wie hängt die Gravitation mit den anderen Kräften (Atomkraft, elekrisch/magnetische Kraft) zusammen? Lassen sich vielleicht einmal auf der Erde schwerelose Zonen schaffen?

- Was befindet sich im Zentrum unserer Milchstraße und anderer Galaxien und was geht dort vor?

- Wie sind die Galaxien entstanden? Wie ist ihre weitere Entwicklung?

Das sind nur einige der Probleme, mit denen sich Astronomen und Astrophysiker in langen einsamen Nächten auf ihren Sternwarten befassen.

Vielleicht wäre es ja ein Traumberuf für dich?

Astro 001 (Antwort)

Die Kraft, die größere Himmelskörper zu Kugeln formt, heißt Gravitation oder Schwerkraft. Kleine Körper besitzen zwar auch Gravitation, aber sie reicht nicht aus, sie zu formen. Außerdem haben sich größere Himmelskörper während ihrer Entstehung meist so erhitzt, dass sie innen nicht fest sind und sich dadurch leichter formen lassen.

Astro 002 (Antwort)

Wenn man einen Stein an einer Schnur immer schneller herumwirbelt, reißt die Schnur und der Stein fliegt weg. Durch die Drehung der Erde entstehen ebenfalls Fliehkräfte, die am Äquator auseinander ziehen – deshalb ist sie keine perfekte Kugel. Weil der Mond sich so langsam dreht, ist er viel „runder" als die Erde.

Astro 003 (Antwort)

Am Äquator dreht sich die Erde am schnellsten, also werden alle Dinge ein bisschen von ihr weggeschleudert. Diese Fliehkraft nutzt die ESA beim Start ihrer Raketen aus und spart so Treibstoff. Die Amerikaner verlegten ihren Startplatz so weit nach Süden, wie sie konnten: Cap Canaveral liegt in Florida – aus eben diesem Grund.

Astro 004 (Antwort)

Wenn sich der Nordpol von uns weg verlagert, wird es bei uns wärmer. Wanderte er nach Deutschland, befänden wir uns im Polargebiet und bekämen nur noch ganz wenig Sonnenwärme ab. Die Lage der Erdachse entscheidet also, wo die Klimagebiete der Erde liegen.

Astro 005 (Antwort)

In der Erdkruste steigt die Wärme alle 33 m um ein Grad. Etwa 30 km unter Deutschland beginnt der Erdmantel aus zähflüssigem Gestein. Es ist ca. 1000 Grad heiß. Bei einer Tiefenbohrung gibt es drei Probleme:
1. Die Hitze, die jeden Bohrer schmelzen lässt
2. den Druck, der jeden Bohrer zerstört
3. In Flüssigkeit kann man kein Loch bohren.

Astro 006 (Antwort)

Im Weltraum gibt es kein Oben und Unten, bzw. nur relativ, d. h. bezogen auf einen Himmelskörper. Wenn wir den Mond „oben" sehen, ist die Erde von dort aus ebenfalls „oben". In einem Raumschiff sind diese Begriffe sinnlos.

Astro 007 (Antwort)

Er wiegt etwas weniger, und das aus zwei Gründen:
1. Er steht südlicher, wo sich die Erde schneller dreht als im Norden. Er ist damit einer größeren Fliehkraft ausgesetzt. Bei schnellerer Umdrehung, würde er von der Erde weggeschleudert.
2. Er ist weiter von der durchschnittlichen Erdoberfläche entfernt und damit einer geringeren Gravitation ausgesetzt.

Astro 008 (Antwort)

Die Rakete braucht weniger Energie, weil die Gravitation des Mondes geringer ist. Ein Raumschiff, das von der Erde startet, muss mindestens eine Geschwindigkeit von 11,7 km pro Sekunde erreichen, vom Mond nur 2,38 km/s. Beim Jupiter liegt die Entweichgeschwindigkeit bei 60,22 km/s, bei der Sonne gar bei 617,5 km/s.

Astro 005 (Frage)

Die Entsorgung von Atommüll wäre viel einfacher, wenn man ihn einige tausend Kilometer tief in der Erde versenken könnte. Und die Wärme im Erdinnern wäre eine unbegrenzte Energiequelle. In einigen Gegenden (z.B. Island) können wir sie nutzen, normalerweise aber ist das technisch zu schwierig. Warum?

Astro 006 (Frage)

In einem Science-Fiction-Film gibt der Kapitän eines Raumschiffes den Befehl, oberhalb der Ekliptik zu fliegen. Was ist an diesem Befehl falsch?

Astro 007 (Frage)

Ein Mensch wiegt an der Nordseeküste genau 80 Kilogramm. Wenn er auf dem Gipfel der Zugspitze steht, wiegt er dann ebenso viel oder mehr oder weniger?

Astro 008 (Frage)

Wenn Astronauten vom Mond zurück zur Erde starten, verbraucht ihre Rakete dann mehr oder weniger Treibstoff als beim Start von der Erde?

Astro 001 (Frage)

Kleine Planetoiden oder Asteroiden, Meteore und Kometen sind unregelmäßig geformte Brocken. Alle größeren Himmelskörper sind dagegen kugelförmig: Sterne, Planeten und Monde.
Welche Kraft ist dafür verantwortlich?

Astro 002 (Frage)

Der Mond dreht sich einmal in 29 Tagen um sich selbst – deshalb sehen wir immer dieselbe Seite von ihm. Bis zu den ersten Raumsonden wusste man nicht, wie es auf seiner Rückseite aussieht. Die Erde dreht sich wesentlich schneller. Was folgt daraus für ihre Gestalt?

Astro 003 (Frage)

Der Weltraumbahnhof der ESA, der europäischen Weltraumorganisation, wurde in Afrika in der Nähe des Äquators gebaut. Von dort starten die europäischen Raketen. Was ist der Grund für diese Ortswahl? Ein Tipp: Das schöne Wetter ist es nicht.

Astro 004 (Frage)

Im Laufe der Erdgeschichte hat sich die Erdachse öfter verlagert, weil die Pole wanderten. Welche Folgen hatte das?

Wenn man einfach lieber selbst lernen will*:

Das neue Lernen mit den Händen:

- Wissensbausteine in Frage-/Antwort-Form
- auf das wirklich Wichtige beschränkt
- lehrplanbezogen
- individuell erweiterbar
- höchst effektiv (bio-logisch lernen)
- verführen zum selbstständigen Arbeiten
- und sind erfolgs- und spaßorientiert

So einsetzen, wie man es braucht:

- für Freiarbeit und die ganze Klasse: Jede Lernprogramm-Seite in eine Klarsichthülle stecken.
- für den Morgenkreis und zwischendurch: in Frage- und Antwortspielen
- für alle Schülerinnen und Schüler: zum Lernen im 5-Fächer-Lernkarteikasten – oder von rechts nach links und umgekehrt

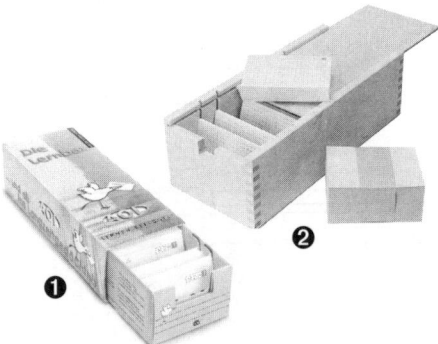

Lernkarteikästen & Blanko-Karten

__ Paket F304 Kleine Lernbox 5-Fächer-Lernkartei für Lernkärtchen im A8-Format: Das 10er Paket ❶

__ Paket F299 Karteikärtchen im A8-Format, 100 Stück, kariert, zum Selbst-Beschriften

__ Paket V304 Karteiblättchen im A8-Format, 500 Stück, Umweltschutzpapier, blanko

__ Paket F307 Große Lernbox 5-Fächer-Lernkartei für Lernkarten im A7-Format: Das 10er Paket

__ Stück F305 Große Lernbox aus Holz für Lernkarten im A7-Format: Die solide Basis! Je Stück ❷

__ Paket F301 Karteikarten im A7-Format, 100 Stück, kariert, zum Selbst-Beschriften

__ Paket V302 Karteiblätter im A7-Format, 500 Stück, Umweltschutzpapier, blanko

__ Stück F411 Das kleine Buch vom Lernen (für Schüler/innen ab Klasse 4)

Selbstlernprogramme

Lernprogramme A8 für die Grundschule

Lesen, Schreiben, Rechnen:
__ St. F151 Grundkurs Klasse 1 ❹
__ St. F152 Grundkurs Klasse 2M
__ St. F153 Grundkurs Klasse 3
__ St. F154 Grundkurs Klasse 4

__ St. F903 Daumenkärtchen Deutsch 1 (Kl.1)
__ St. F904 Daumenkärtchen Deutsch 2 (Kl.1/2)
__ St. F905 Daumenkärtchen Deutsch 3 (Kl.3/4)
__ St. F913 Schreib- & Lesespaß ab Kl. 2
__ St. F907 Rechtschreibung Grundschule
__ St. F908 Grammatik Grundschule
__ St. F911 Kopfrechentraining Klasse
__ St. F918 Kopfrechentraining Klasse
__ St. F912 Kopfrechentraining Klasse
__ St. F919 Kopfrechentraining Klasse
__ St. F926 Rechnen in EUROpa

Lernprogramme A7 für die Grundschule

__ St. F009 DING·DANG·DONG! Lese-/Ratespiel
__ St. F915 Endlich Noten lernen
__ St. F900 Grundw. 1 Deutsch (Kl. 3–5)
__ St. F901 Grundw. 1 Mathematik (Kl. 3–5)
__ St. F902 Grundw. 1 Sachkunde (Kl. 3–5)
__ St. F428 Sonne, Mond & Sterne Spiel- & Lernkarten

A8-Lernprogramme ab Kl. 5 und fürs Leben

__ St. F081 Crash-Kurs: Neue Rechtschreibung
__ St. F100 Englisch in die Köpfe
__ St. F149 Basics: Grundstrukturen Englisch
__ St. F594 Grundwortschatz Englisch
__ St. F298 Get a taste of ... IRREGULAR VERBS
__ St. F230 Business English Basics
__ St. F232 Business English Professional
__ St. F234 Lernbox Englisch
   (F100 + F594 + F411 + Kleine Lernbox)
__ St. F090 Französisch in die Köpfe
__ St. F595 Grundwortschatz Französisch
__ St. F296 Prends goût aux verbes irréguliers
__ St. F235 Lernbox Französisch
   (F090 + F595 + F411 + Kleine Lernbox)

**AOL im Netz: aol-verlag.de
neue-rechtschreibung.de**

A7-Lernprogramme ab Kl. 5 und fürs Leben

__ St. F915 Endlich Noten lernen
__ St. F310 Grundwissen Deutsch Sek 1
__ St. F001 Mathe mit Witz & Grips
__ St. F591 Grundwissen Biologie ❺
__ St. F596 Grundwissen Chemie
__ St. F432 Grundstrukturen Erdkunde
__ St. F593 Grundwissen Politik
__ St. F598 Key Facts about Europe
__ St. F433 GAG BAG! 128 English Jokes
__ St. F592 Grundwissen Geschichte
__ St. F431 Grundkurs: Euro – das neue Geld ❻

* Preise auf Anfrage

Bio-logisch lernen mit dem 5-Fächer-Lernkarteikasten

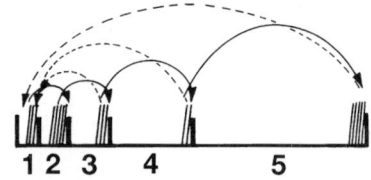

1 2 3 4 5

Richtig beantwortete Karten (———>) wandern immer ins jeweils nächste Fach, falsch beantwortete (<- - - -) immer zurück in Fach 1.

So wird gelernt:

- Alle neuen Karten kommen in Fach 1
- Fach 1 wird jeden Tag wiederholt:
- bei *richtig* wandert die Karte ins nächste Fach
- bei *falsch* bleibt die Karte in Fach 1
- Fach 2 bis 5 werden erst wiederholt, wenn sie voll sind.

Auf diese Weise wird schwieriger Stoff so lange wiederholt, bis er sitzt, gelernter Stoff immer nur dann, wenn er zu verblassen droht: **bio-logisches Lernen bei AOL.**

Bestellabschnitt: AOL Verlag · Waldstraße 18 · 77839 Lichtenau · Fon (0 72 27) 95 88-0 · Fax 95 88 95 · E-Mail: bestellung@aol-verlag.de

Bitte liefern Sie die o. a. Materialien auf Rechnung zzgl. Versandkosten an diese Adresse (wenn möglich: Mindestbestellwert 32,– DM):

Name (bzw. Schule und z.Hd. von)   Straße   PLZ/Ort   Fon / Fax

Kundennummer (wenn bekannt)   E-Mail (für Vorab-Info zu unseren Schnäppchen)   Schulart/Hauptunterrichtsfach/2. Fach/3. Fach

Ich bin ☐ Lehrer/in ☐ Schüler/in ☐ Elternteil ☐ .... und bin geboren am: _____/_____/_____

Ich zahle: ☐ nach Rechnungseingang innerhalb von 14 Tagen   ☐ per Lastschrifteinzug (jederzeit widerrufbar)

Konto-Nr.   Bankleitzahl   Kreditinstitut